Geometrische Denkaufgaben

von
Paul Eigenmann

Ernst Klett Verlag

Zeichenerklärung

o	bedeutet	ist Mittelpunkt eines gezeichneten Kreises
//	bedeutet	die Strecke verläuft parallel zu jener anderen, die dieses Zeichen auch trägt
w	bedeutet	ist Winkelhalbierende
M	bedeutet	ist Mittelpunkt einer Strecke
Q	bedeutet	ist ein Quadrat

ISBN 3-12-722310-2

1. Auflage   1 7 6 5 4 3 | 1989 88 87 86 85

Alle Drucke dieser Auflage können im Unterricht nebeneinander benutzt werden. Die letzte Zahl bezeichnet das Jahr dieses Druckes.
© Ernst Klett Verlage GmbH u. Co. KG, Stuttgart 1981.
Neben dem Urheberrechtsgesetz vom 9. Sept. 1965 i. d. F. vom 10. Nov. 1972 ist die Vervielfältigung oder Übertragung urheberrechtlich geschützter Werke, also auch der Texte, Illustrationen und Graphiken dieses Buches, nicht gestattet. Dieses Verbot erstreckt sich auch auf die Vervielfältigung für Zwecke der Unterrichtsgestaltung – mit Ausnahme der in den §§ 53, 54 URG ausdrücklich genannten Sonderfälle –, wenn nicht die Einwilligung des Verlages vorher eingeholt wurde. Im Einzelfall muß über die Zahlung einer Gebühr für die Nutzung fremden geistigen Eigentums entschieden werden. Als Vervielfältigung gelten alle Verfahren einschließlich der Fotokopie, der Übertragung auf Matrizen, der Speicherung auf Bändern, Platten, Transparenten oder anderen Medien.

Zeichnungen: Rolf Digel, Mössingen
Filmsatz: Fotosatz A. Grage, Filderstadt 4
Druck: Ernst Klett Druckerei

Vorwort zum ersten Teil

Die hier für den Geometrieunterricht vorgeschlagenen Aufgaben sollen vor allem die Phantasie des Schülers anregen und ihn erleben lassen, wie er aus eigener Kraft die verborgenen Zusammenhänge eines mathematischen Sachverhaltes entdecken kann. Vergessen wir nicht, daß stoffliches Wissen im Mathematikunterricht fast immer nur Mittel zu dem Zweck ist, das Denken zu lernen. Daher haben wir das Ziel des Mathematikunterrichts nicht erreicht, wenn wir nur die notwendigen Übungsaufgaben stellen. Die Freude an geistiger Arbeit erwächst nicht an Übungsaufgaben. Langweilen sich unsere Schüler oder beginnen sie sich hinter dem Wort zu verstecken, die Mathematik sei schwer, so sollten wir zunächst uns selbst fragen: Haben wir unsere Schüler zu einem eigenen produktiven Denken geführt, haben wir sie die Probleme selbst erkennen, die Lösungswege selbst wagen lassen?

Die Aufgaben sind in vier Gruppen eingeteilt. Für die einzelnen Gruppen sind folgende Kenntnisse erforderlich:

		Nummer
Gruppe 1	Winkel im Dreieck, Symmetrie, Berechnung von Dreieck und Viereck	1 – 48
Gruppe 2	Kreiswinkelsätze, Kreisberechnung, Pythagoras	49 – 96
Gruppe 3	Ähnlichkeit, Proportionalität, Formel des Heron	97 – 144
Gruppe 4	Algebraische Behandlung, Ansetzen einer Gleichung	145 – 176

Innerhalb einer Gruppe sind die Aufgaben bunt gemischt und nicht nach Schwierigkeit geordnet. Die Figuren sind nicht maßgetreu.

Gruppe 1

1 w ist Winkelhalbierende
$\alpha = ?$

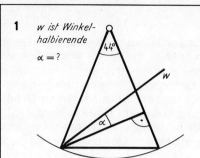

2 $a + b + c = 22$ cm
$x = ?$

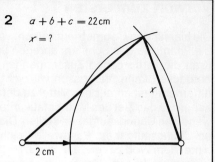

3 $\gamma = ?$

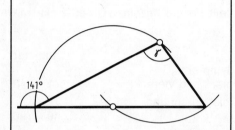

4 $A = ?$
$B = ?$
$C = ?$

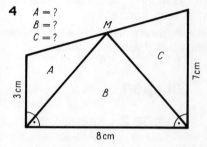

5 $\alpha = ?$
$\beta = ?$
$\gamma = ?$

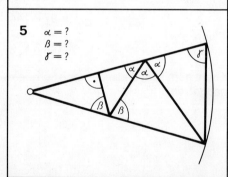

6 $x = ?$

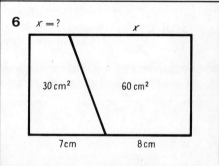

7 $\alpha = ?$

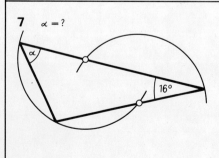

8 $A = B = C = D$
$[x + y] = ?$

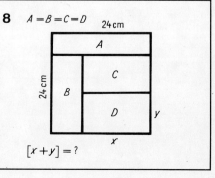

9 $\delta = ?$

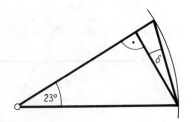

10 Fläche des Quadrates = Q

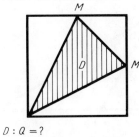

$D : Q = ?$

11 $\alpha = ?$
$\beta = ?$
$\gamma = ?$

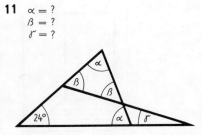

12 $D = V$
$x = ?$

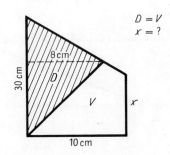

13 $\alpha = ?$

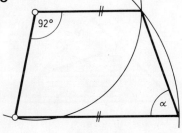

14 Rahmenfläche = $256\,cm^2$

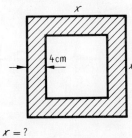

$x = ?$

15

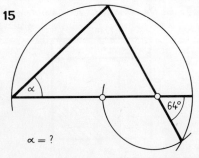

$\alpha = ?$

16 $D = Q = R$
$x = ?$

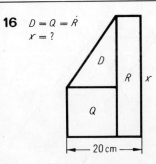

17 $\varepsilon = ?$
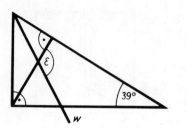

18 $F = ?$
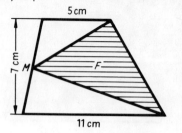

19 $\varepsilon = ?$
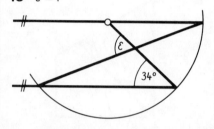

20 $A = B$
$F = ?$
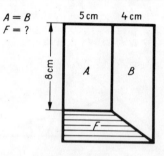

21
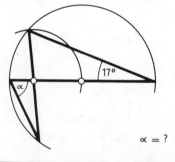
$\alpha = ?$

22 $F = ?$
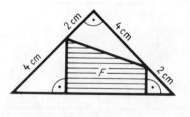

23 $\gamma = ?$
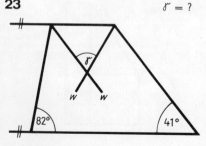

24 Die Flächenstücke A, B, C, D haben gleichen Umfang
$D = ?$
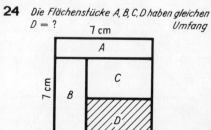

25 α = ?

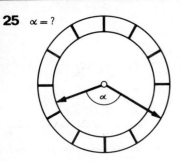

26 Fläche des Quadrates = Q
$F = \frac{Q}{7}$
x = ?

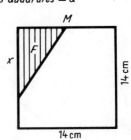

27 α = ?

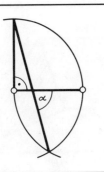

28 Q = T
x = ?

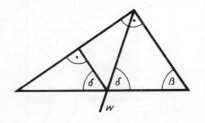

29 β = ?

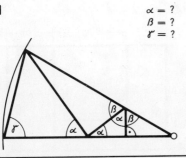

30 A = B = C
F = ?

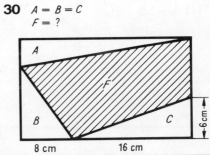

31 α = ?
β = ?
γ = ?

32 x = ?

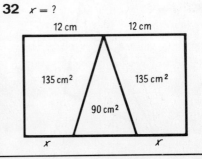

33 $\gamma = ?$

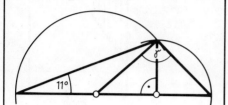

34 $Q = R$
$x = ?$

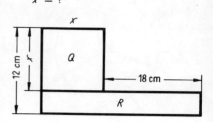

35 $\delta = ?$

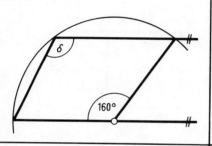

36 $A = B$
$F = ?$

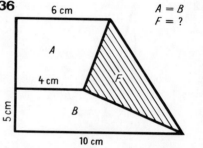

37 $\alpha = ?$
$\beta = ?$
$\gamma = ?$

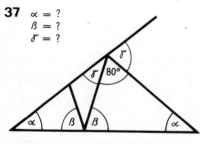

38 $A = B = C = D$
$x = ?$

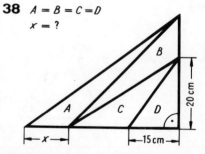

39 $\gamma = ?$

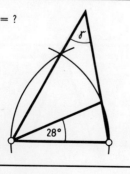

40 $L = Q = R;\quad x = ?$

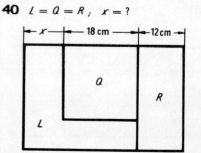

41 α = ?
β = ?

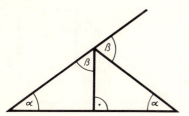

42 D = Q = T
x = ?

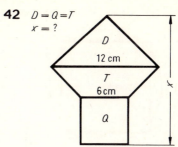

43 α = ?

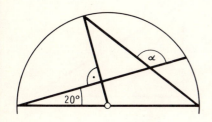

44 F = ?

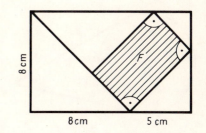

45 α = ?

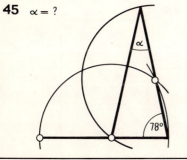

46 D = Q = T
x = ?

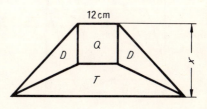

47 α = ?

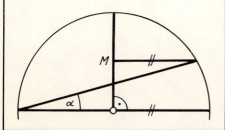

48 L = R
x = ?

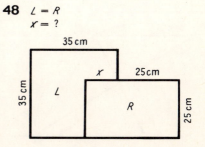

Gruppe 2

49 Quadrat und Kreis haben gleichen Umfang
$x = ?$ $\left(\pi \approx 3\tfrac{1}{7}\right)$

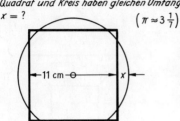

50 $F = ?$

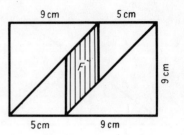

51 $\alpha = ?$

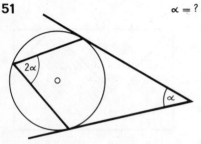

52 $x = ?$

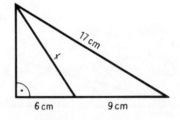

53 $F = ?$

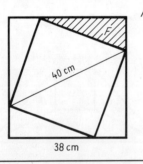

54 $x = ?$

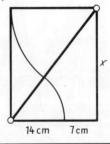

55 $\varphi = ?$

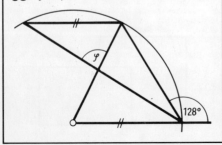

56 x ganzzahlig
$x = ?$

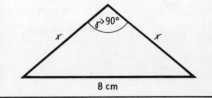

57 β = ?
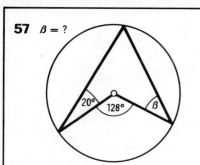

58 2 Quadrate
F = ?
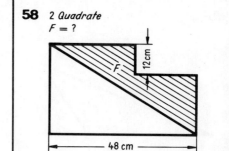

59 F = ? ; (π = 3,14)
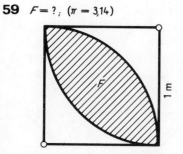

60 γ = ?
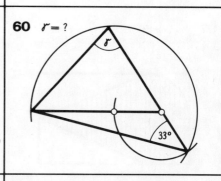

61 ε = ?
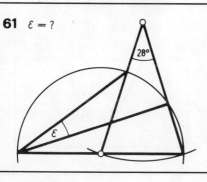

62 F = ?
Umfang = ?
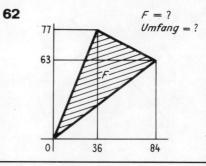

63 x = ?
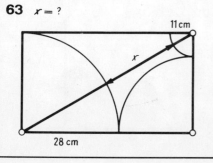

64 x ganzzahlig und möglichst klein
x = ?
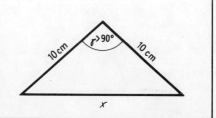

65 $\alpha = ?$
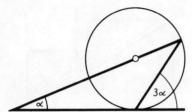

66 $\gamma = ?$
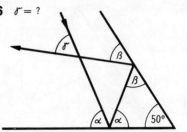

67 *Umfang des Rechtecks* $= 82$ cm
$F = ?$
$\left(\pi \approx 3\tfrac{1}{7}\right)$

68 $F_1 = ?$
$F_2 = ?$
$F_3 = ?$
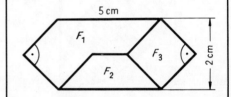

69 $\delta = ?$
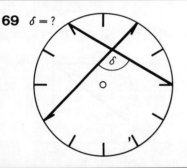

70 $x = ?$
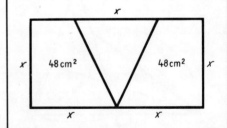

71 $x = ?$
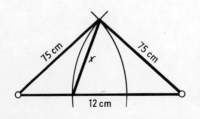

72 $x = ?$
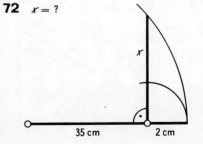

73 $\alpha = ?$
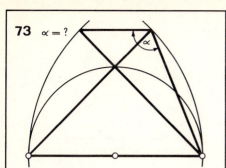

74 $\alpha = ?$
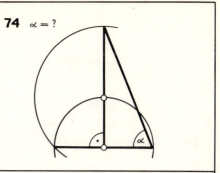

75 $F = ?$
$\left(\pi \approx 3\tfrac{1}{7}\right)$
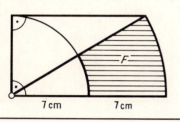

76 $Q = 2B = 3A$; $x = ?$
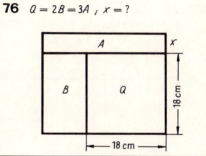

77 $F = ?$
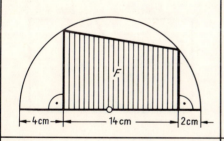

78 $x = ?$
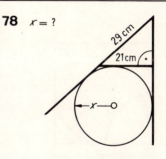

79 $\beta = ?$
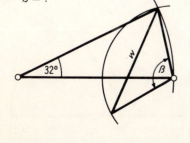

80 x ist eine gerade Zahl
$x = ?$
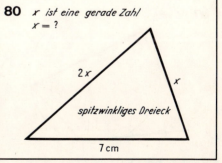
spitzwinkliges Dreieck

81 $\mu = ?$

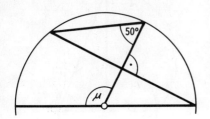

82 $Q : D = 5 : 6$
$x = ?$

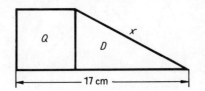

83 $x = ?$

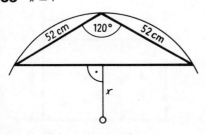

84 Welcher Bruchteil des Rechtecks ist schraffiert? $(\pi \approx 3\frac{1}{7})$

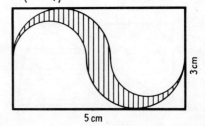

85 $F = ?$

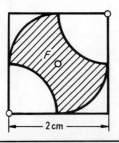

86 $x = ?$

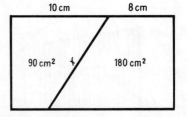

87 $\delta = ?$

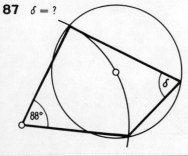

88 $x = ?$

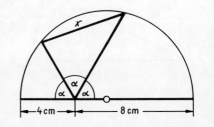

89 $\delta = ?$

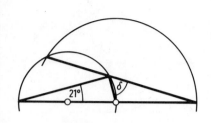

90 D ist $\frac{7}{24}$ der Trapezfläche
$x = ?$
$y = ?$
$z = ?$

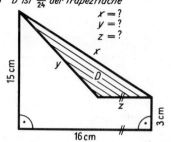

91 $x = ?$

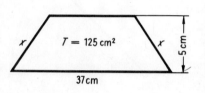

92 $F = ?$; $\left(\pi \approx 3\frac{1}{7}\right)$

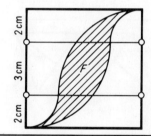

93 $\delta = ?$

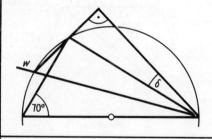

94 $A = B = C$
$x = ?$

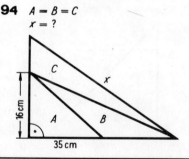

95 $x = ?$

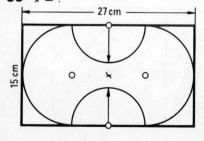

96 Das Dreieck ist ungleichseitig und spitzwinklig
x ist ganzzahlig und möglichst klein
$x = ?$

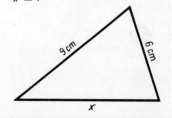

Gruppe 3

97 $F = ?$

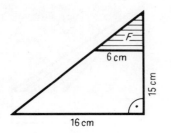

98 $F = ?$

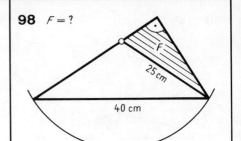

99 $F = ?$

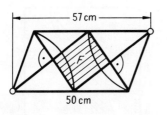

100 $S_1 : S_2 = ?$

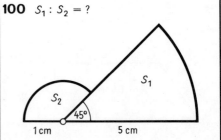

101 36% der Dreiecksfläche ist schraffiert $x = ?$

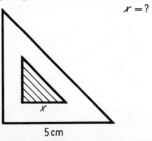

102 $x = ?$

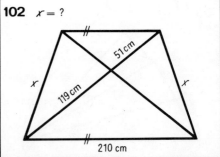

103 $L = T$; $x = ?$

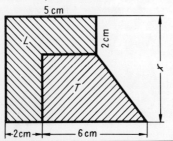

104 $x = ?$

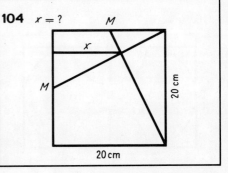

105 Welcher Bruchteil des Rechtecks ist schraffiert?

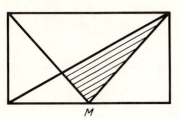

106 $F = ?$

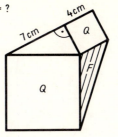

107 $x = ?$

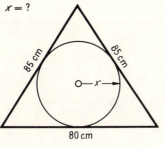

108 $x = ?$

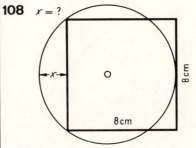

109 Die beiden Dreiecke sind umfanggleich. $F = ?$

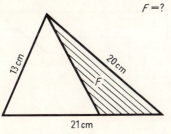

110 $x = ?$

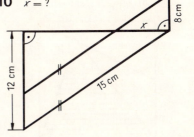

111 $x = ?$

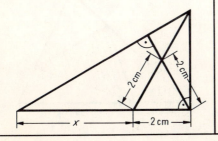

112 $F = ?$

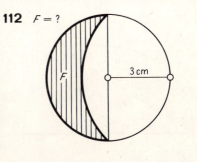

113 $K = R$; $x = ?$
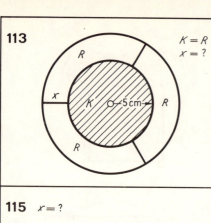

114 $F = ?$
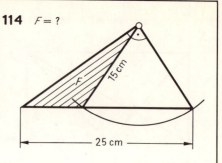

115 $x = ?$
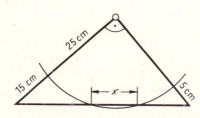

116 $x = ?$
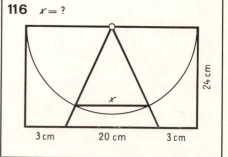

117 $A = B$; $F = ?$
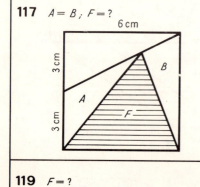

118 $x = ?$
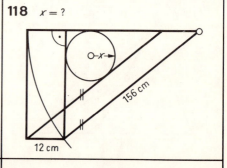

119 $F = ?$
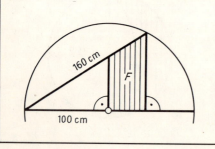

120 $F = ?$
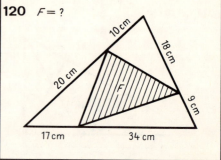

121 $T = D$
$x = ?$

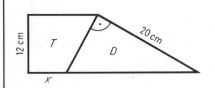

122 $F = ?$

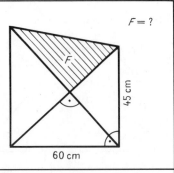

123 $F = ?$

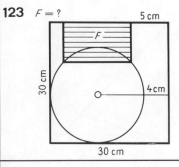

124 Umfang des schraffierten Flächenstückes = ?

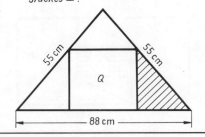

125 $x = ?$

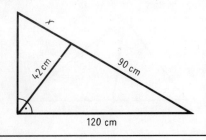

126 $F = ?$

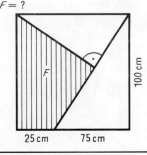

127 $F = ?$

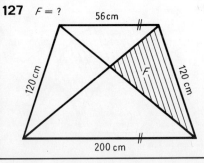

128 $x = ?$

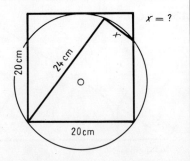

129 Trapezumfang = 48 cm
$x = ?$

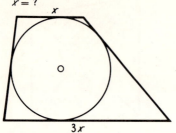

130 $T : D = 79 : 21$
Trapezumfang = ?

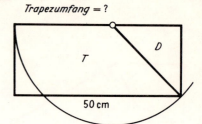

131 $F = ?$

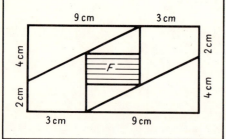

132 $x = ?$

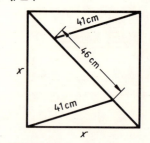

133 Welcher Bruchteil der großen Quadratfläche ist schraffiert?

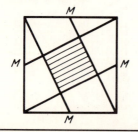

134 Fläche des rechtwinkligen Dreiecks = ?

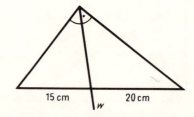

135 $x = ?$

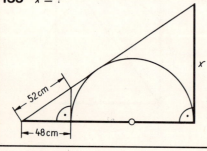

136 $F = ?$

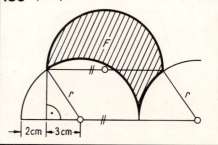

137 Länge des Weges $BUVD = ?$

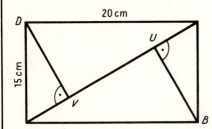

138 Welcher Bruchteil der Quadratfläche ist schraffiert?

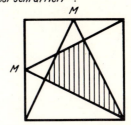

139 $F = ?$

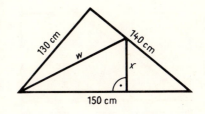

140 $x = ?$

141 $x = ?$

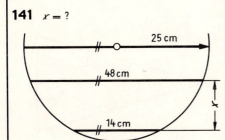

142 $F = ?$

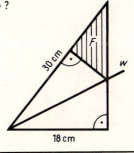

143 Welcher Bruchteil der Gesamtfläche ist schraffiert?

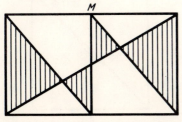

144 $5D = 4T$
$x = ?$

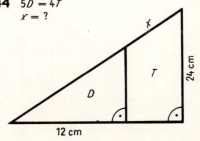

Gruppe 4

145 $\alpha = ?$

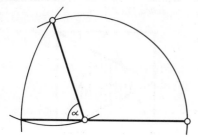

146 $\alpha = ?$
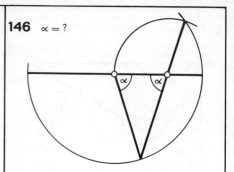

147 $F = ?$
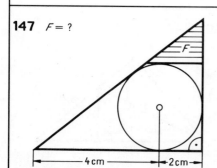

148 $x = ?$
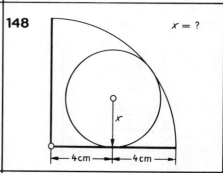

149 $\alpha = ?$
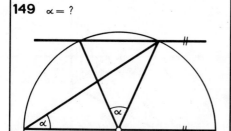

150 $\alpha = ?$
$\beta = ?$
$\gamma = ?$
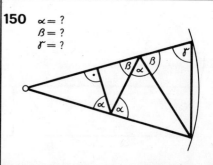

151 $D = L$
$x = ?$
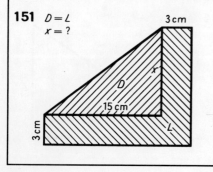

152 $x = ?$
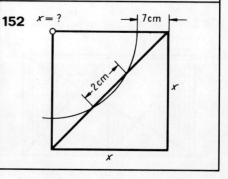

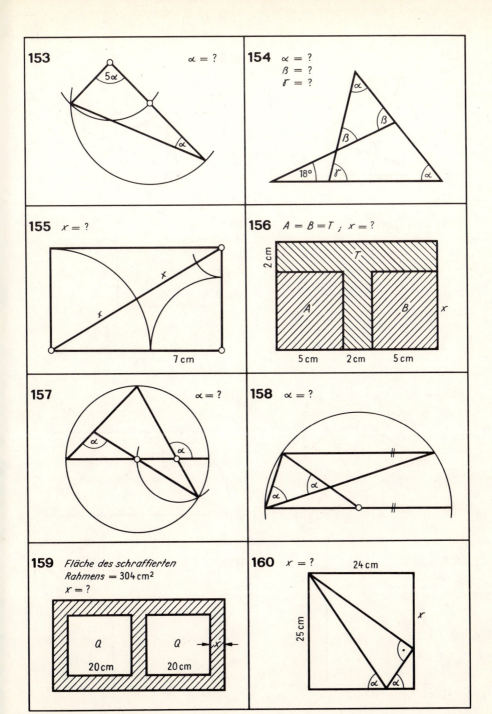

161 α = ?

162 α = ?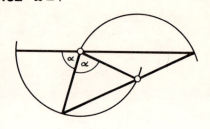

163 Trapezumfang = 66 cm
F = ?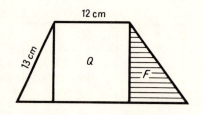

164 R = T
x = ?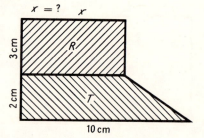

165 α = ?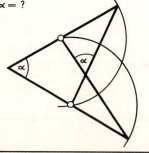

166 α = ?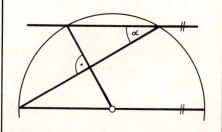

167 x = ?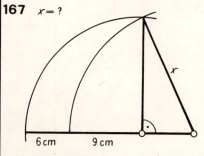

168 x = ?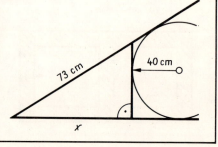

169 α = ?
β = ?

170 α =

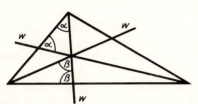

171 x = ?

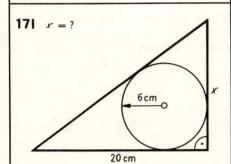

172 4 cm   6 cm   L = T
x = ?

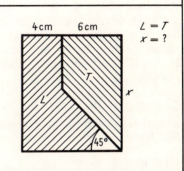

173 β = ?

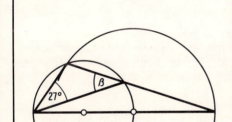

174 α = ?

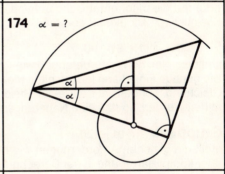

175 x = ?

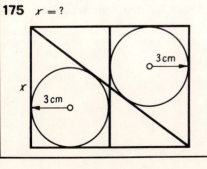

176 x = ?

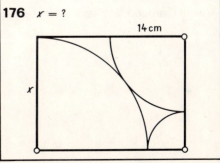

Vorwort zum zweiten Teil

Mit dem Einzug des Taschenrechners in die Schule ist es möglich geworden, planimetrische und trigonometrische Probleme zu behandeln, die man früher wegen der großen Rechenarbeit weglassen mußte.

Der „Neubesitzer" eines Taschenrechners spielt gerne mit seinem Instrument. Diese Aufgaben geben ihm Gelegenheit, mit seinem Instrument vertraut zu werden. Gleichzeitig kann er seine Kenntnisse über das allgemeine Dreieck festigen und vertiefen.

Die Besonderheit dieser Aufgaben besteht darin, daß der Löser als Fahnder eingesetzt wird. Er muß abklären, ob die angegebene Vermutung richtig oder nur scheinbar richtig ist. Anhand der gezeichneten Figur kann die Frage nicht entschieden werden. Nur die Berechnung gibt die Antwort. Mit der Antwort ja oder nein ist aber das Problem noch nicht ausgeschöpft. Im Falle „nein" erhebt sich nämlich sofort die Frage: Für welche Masse würde die Vermutung genau zutreffen? Das erfordert das Aufstellen und Lösen von Gleichungen.

Die 120 Aufgaben sind in 4 Gruppen eingeteilt.

Gruppe 1   Nr. 1 – 30
kann und soll ohne Trigonometrie gelöst werden. Erforderlich sind die Sätze von Pythagoras, über Ähnlichkeit und die Transversalen im Dreieck.

Gruppe 2   Nr. 31 – 60
erfordert die trigonometrische Behandlung des allgemeinen Dreiecks. Sinussatz, Kosinussatz, Additionstheoreme.

Gruppe 3   Nr. 61 – 90
stellt die gleichen Anforderungen wie Gruppe 2.
Die genaue Figur kann jedoch nicht mehr mit einer linearen oder quadratischen Gleichung, sondern nur mit einer Gleichung 3. oder noch höheren Grades ermittelt werden, so daß eine Näherungsrechnung nötig wird.

Gruppe 4   Nr. 91 – 120
stellt die gleichen Anforderungen wie die Gruppen 2 und 3. Die Aufgaben sind aber komplizierter und in der Berechnung aufwendiger.

In allen Gruppen sind auch Aufgaben eingestreut, die mathematisch genau sind.

1

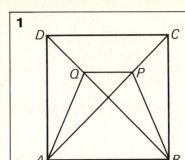

Gruppe 1

Im Quadrat ABCD mit AB = 99 liegen auf den Diagonalen die Punkte P und Q; CP = DQ = 41.

**Ist PQ = CP? Ist BQ = BC?
Bedeckt das Trapez ABPQ die Hälfte des Quadrates?**

2

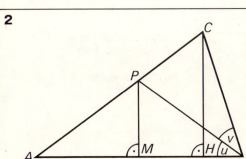

Im gleichschenkligen Dreieck ABC messen AB = AC = 131, CH = 77. MP ist Mittelsenkrechte von AB.

**Ist BP = BC?
Ist BP Winkelhalbierende?**

3

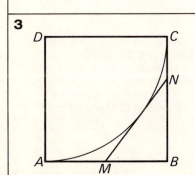

Im Quadrat ABCD mißt AB = 60, AM = 30, BN = 40.

Berührt der Kreis um D durch A die Gerade MN?

4

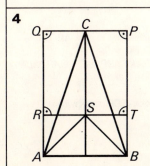

Gleichschenkliges Dreieck ABC, AB = 74, AC = BC = 117. S ist sein Schwerpunkt.

**Ist PQRT ein Quadrat?
Ist Dreieck ABS rechtwinklig?**

5

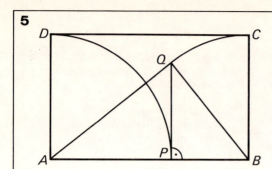

Rechteck ABCD mit AB = 144, AD = 89. AP = AD.
Die Parallele zu AD durch P und der Kreis um B durch C ergeben Q.

Ist Dreieck ABQ rechtwinklig?

6

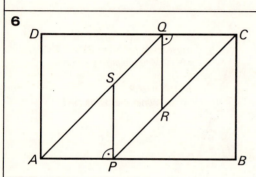

Rechteck ABCD, AB = 111, AD = BP = DQ = 70.

Ist PRQS eine Raute?

7

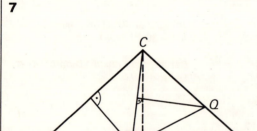

Gleichschenkliges Dreieck ABC, AB = 174, CM = 73.
Mittelsenkrechte von AC ergibt P, Mittelsenkrechte von CP ergibt Q.

Ist Dreieck CPQ gleichseitig?

8

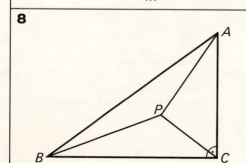

Rechtwinkliges Dreieck ABC, AC = 70, BC = 99.
Die Dreiecke ABP, BCP, CAP haben die gleiche Fläche.

Ist Dreieck ACP rechtwinklig?

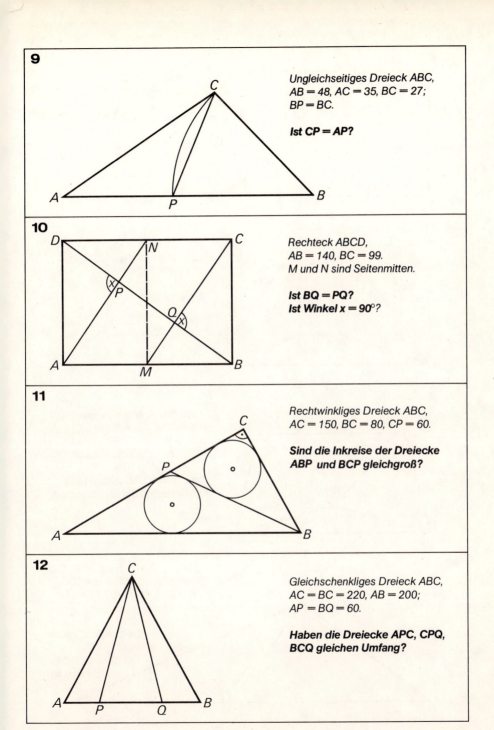

13

Rechteck ABCD,
AB = 97, AD = 56.

Ist AB + BC = AP + PQ + QC?

14

Das gleichschenklige Trapez ABCD ist in 4 gleiche Flächen zerlegt.
CD = 33, CQ = 70.

Ist AP = DP?

15

Gleichschenkliges Trapez ABCD,
AB = 112, AD = BC = 58,
CD = 82.
M ist der Umkreismittelpunkt.

Ist Dreieck AMD gleichseitig?
Ist Dreieck CDM rechtwinklig?

16

Ungleichseitiges Dreieck ABC,
AB = 224, AC = 100, BC = 156;
AP = 55, BQ = 99.

Ist Dreieck AQC rechtwinklig?
Ist Dreieck BCP rechtwinklig?

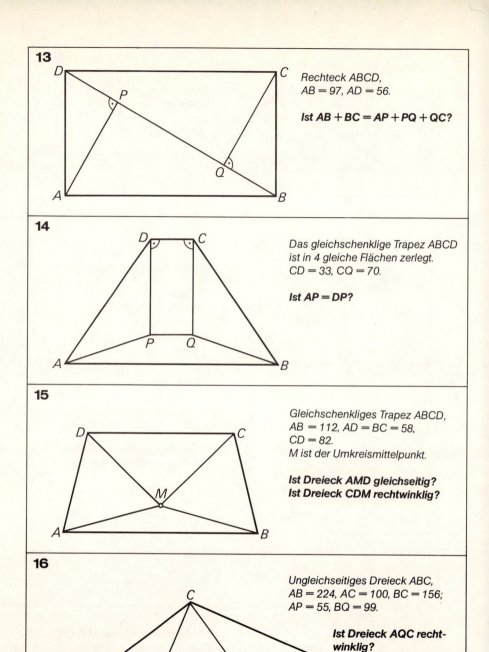

17

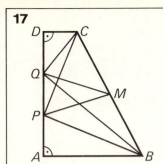

Rechtwinkliges Trapez ABCD,
AB = 129, AD = 158, CD = 43.
P und Q teilen AD in 3 gleiche Strecken.
M ist Seitenmitte.

Ist MP = MQ = BM?
Ist Dreieck BPC rechtwinklig?
Ist Dreieck BQC rechtwinklig?

18

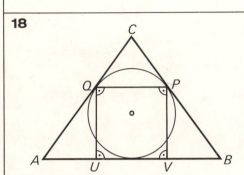

Gleichschenkliges Dreieck ABC,
AB = 120, AC = BC = 100.
P und Q sind die Berührungspunkte des Inkreises.
Die Lote von P und Q auf AB ergeben U und V.

Ist PQUV ein Quadrat?

19

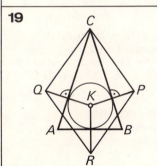

Gleichschenkliges Dreieck ABC,
AB = 89, AC = BC = 144.
K ist der Inkreismittelpunkt.
K wird an den Seiten gespiegelt nach P, Q, R.

Ist CQRP eine Raute?

20

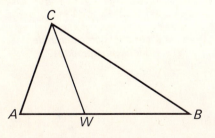

Ungleichseitiges Dreieck ABC,
AB = 28, AC = 15, BC = 27.
CW = AC.

Ist CW Winkelhalbierende?

21

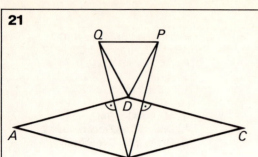

Raute ABCD,
AB = 85, BD = 44.
B wird an den Seiten CD und AD
gespiegelt nach P und Q.

Ist Dreieck DPQ gleichseitig?

22

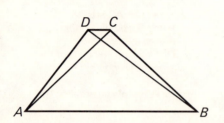

Viereck ABCD,
AB = 210, AD = 125, BD = 168,
AC = BC = 145.

Ist das Viereck ein Trapez?

23

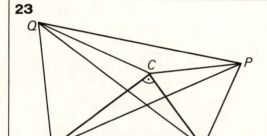

Rechtwinkliges Dreieck ABC,
AC = 80, BC = 60.
Über den Katheten sind die gleich-
seitigen Dreiecke ACQ und BCP
gezeichnet.

Ist AP = BQ = PQ?
**Ist die Fläche des Dreiecks BCQ
die Hälfte des Dreiecks ABC?**

24

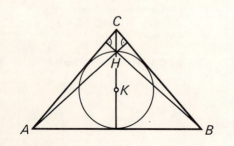

Gleichschenkliges Dreieck ABC,
AB = 80, AC = BC = 60.

**Geht der Inkreis durch den
Höhenschnittpunkt H?**

25

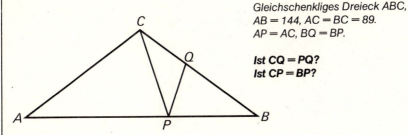

Gleichschenkliges Dreieck ABC,
$AB = 144$, $AC = BC = 89$.
$AP = AC$, $BQ = BP$.

Ist CQ = PQ?
Ist CP = BP?

26

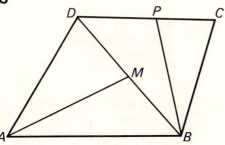

Viereck ABCD,
$AB = 90$, $BC = 60$, $BD = 80$,
$AD = CD = 70$,
$BM = DM = DP$.

Ist AM = AD?
Ist BP = BC?
Halbiert BP den Winkel bei B?

27

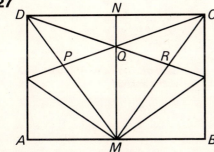

Rechteck ABCD,
$AB = 154$, $AD = 106$, $NQ = 25$.
M und N sind Seitenmitten.

Ist CP = CM?
Ist CQ = MQ?
Ist CR = QR?

28

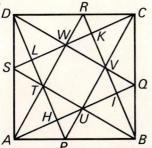

Quadrat ABCD,
$AB = 70$; $AP = BQ = CR = DS = 30$.

Liegen die Punkte TUVW auf den Seiten des Quadrates HIKL?

29

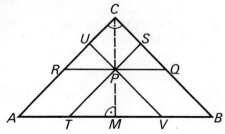

Rechtwinklig-gleichschenkliges Dreieck ABC,
AB = 180, MP = 43.
Durch P sind die Parallelen zu den Seiten gezogen.

Ist QR = ST = UV?

30

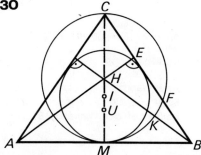

Gleichschenkliges Dreieck ABC,
AB = 112, AC = BC = 97.
H Höhenschnittpunkt
I Inkreismittelpunkt
U Umkreismittelpunkt

Ist CH = HM?
Ist HU = MU?
Ist BK = MI?
Ist BF = CE = EF?

31   Gruppe 2

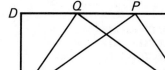

Rechteck ABCD,
AB = 210, AD = 99.
CP = PQ = DQ.

Sind die Dreiecke ABP und ABQ rechtwinklig?

32

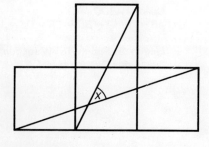

Vier gleiche Quadrate mit der Seite 40.

Ist Winkel x = 45°?

33

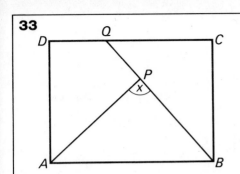

Rechteck ABCD,
AB = 161, AD = 120.
Das Rechteck ist durch AP und BQ
in 3 gleiche Flächen zerlegt.

Ist AP = AD?
Ist PQ = DQ?
Ist Winkel x = 90°?

34

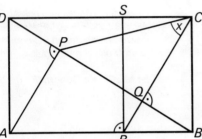

Rechteck ABCD,
AB = 233, AD = 144.

Ist AP = PQ?
Ist ARSD ein Quadrat?
Ist Winkel x = 45°?

35

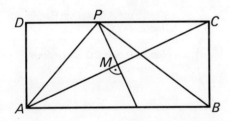

Rechteck ABCD,
AB = 142, AD = 69.
MP ist Mittelsenkrechte von AC.

Ist Dreieck ABP rechtwinklig?

36

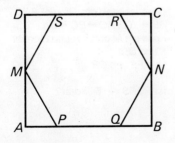

Rechteck ABCD,
AB = 112, AD = 97.
M und N sind Seitenmitten.
AP = BQ = CR = DS = 28.

Ist das Sechseck regulär?
Bedeckt es $\frac{3}{4}$ des Rechtecks?

37

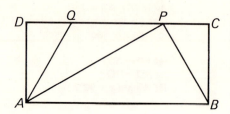

Rechteck ABCD,
AB = 224, AD = 97.
CP = DQ = 56.

Hat das Trapez ABPQ 3 gleiche Seiten?
Ist Dreieck ABP rechtwinklig?

38

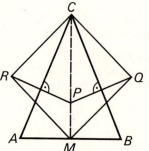

Gleichschenkliges Dreieck ABC,
AB = 82, CM = 99, MP = 29.
P wird an den Seiten BC und AC nach Q und R gespiegelt.

Ist MQCR ein Quadrat?

39

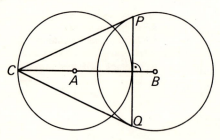

AB = 99;
Kreise um A und B mit Radius 70;
Tangente PQ.

Sind CP und CQ Tangenten?

40

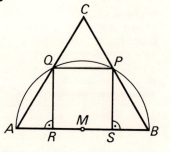

Gleichschenkliges Dreieck ABC,
AB = 102, AC = BC = 97.
Kreis um M durch A und B ergibt P und Q.
Lote PS und QR.

Ist PQRS ein Quadrat?

41

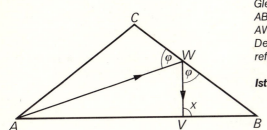

Gleichschenkliges Dreieck ABC,
AB = 144, AC = BC = 89.
AW ist Winkelhalbierende.
Der Strahl AW wird an BC nach V reflektiert.

Ist Winkel x = 90°?

42

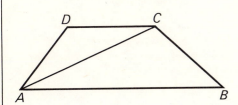

Viereck ABCD,
AB = 27, AD = 8, AC = 18.
BC = CD = 12.

Ist das Viereck ein Trapez?

43

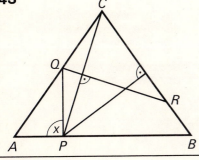

Gleichschenkliges Dreieck ABC,
AB = 154, AC = BC = 131.
Mittelsenkrechte von BC ergibt P,
Mittelsenkrechte von CP ergibt Q und R.

Ist QR = CR?
Ist Winkel x = 90°?

44

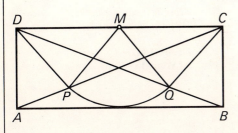

Rechteck ABCD,
AB = 127, AD = 48.
M ist Seitenmitte.
Kreis um M mit Radius 48 ergibt P und Q.

Sind die Dreiecke ADP und BCQ gleichschenklig?

45

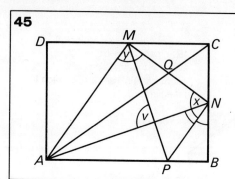

Rechteck ABCD,
AB = 99, BC = 70. AP:BP = 3:1.
M und N sind Seitenmitten.

Sind die Winkel v, x, y je 90°?
Ist NP Winkelhalbierende?

46

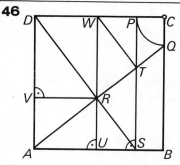

Quadrat ABCD,
AB = 159. CP = CQ = 34.
AQ und PS ergeben T, DS ergibt R.

Ist AT = AB?
Ist RS = RV = TW?

47

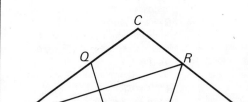

Gleichschenkliges Dreieck ABC,
AB = 144, AC = BC = 89;
AP = AQ = BR = BS = 55.

Ist das Fünfeck regulär?
Ist AR Winkelhalbierende?

48

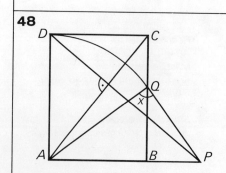

Rechteck ABCD,
AB = 110, AD = 140.
DP ist senkrecht zu AC. AQ = AD.

Ist AP = AC?
Ist Winkel x = 90°?

49

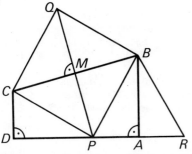

Rechtwinkliges Trapez ABCD,
AB = 97, AD = 153, CD = 56.
Mittelsenkrechte von BC ergibt P.
P an BC und AB gespiegelt ergibt
Q und R.

Ist BQCP ein Quadrat?
Ist Dreieck BPR gleichseitig?

50

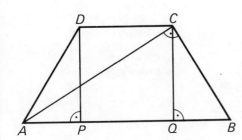

Gleichschenkliges Trapez ABCD,
AD = BC = 89, AC = BD = 144.
Die Diagonalen stehen senkrecht auf
den Schenkeln.

Ist CDPQ ein Quadrat?

51

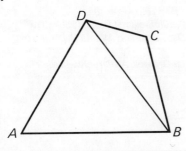

Viereck ABCD,
AB = 60, AD = 52, BC = 39,
BD = 56, CD = 25.

Hat das Viereck einen Umkreis?

52

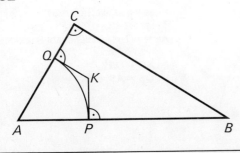

Rechtwinkliges Dreieck ABC,
AC = 89, BC = 146.
AP = AQ = 57.

Ist K der Inkreismittelpunkt?

53

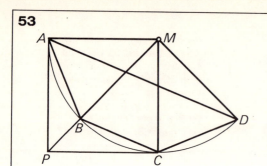

Kreis um M mit Radius 81.
Auf ihm dreimal die Sehne 62
abgetragen, ergibt ABCD.
AP parallel MC, CP parallel MA.

Ist APCM ein Quadrat?
**Ist die Fläche ADM
gleichgroß wie BCM?**

54

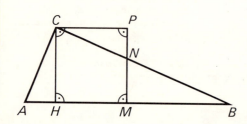

Rechtwinkliges Dreieck ABC,
$AC = 29$, $BC = 70$.
M ist Seitenmitte.

Ist CN = AC?
Ist CHMP ein Quadrat?

55

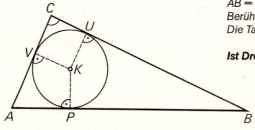

$AB = 192$, $AP = 48$,
Berührkreis mit Radius $KP = 31$.
Die Tangenten AV und BU ergeben C.

Ist Dreieck ABC rechtwinklig?

56

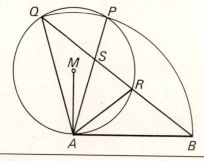

Kreis um M mit Radius 51,
Tangente $AB = 97$.
$AP = AQ = AB$, BQ ergibt R und S.

Ist AQ = QR?
Ist QS = AS = AR?

57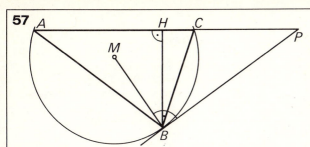

Gleichschenkliges Dreieck ABC,
AB = AC = 131,
BH = 77.
Umkreismittelpunkt M.
BP ist Tangente an den Umkreis.

Ist BP = AB?
Ist BC = PC?

58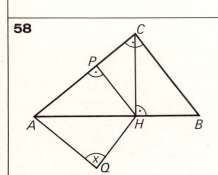

Rechtwinkliges Dreieck ABC,
AC = 128, BC = 93.
Die Winkelhalbierende AP wird nach Q und R reflektiert.

Ist Winkel x = 90°?
Ist BP = PQ?

59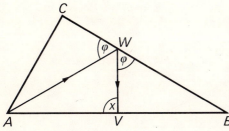

Dreieck ABC,
AB = 30, AC = 15, BC = 26.
Die Winkelhalbierende AW wird an BC nach V reflektiert.

Ist V Mitte von AB?
Ist Winkel x = 90°?
Ist AW = BW?

60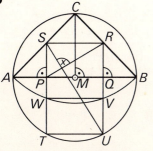

Rechtwinklig-gleichschenkliges Dreieck ABC,
AB = 199,   AP = BQ = 55.
M und C sind Kreiszentren.

Ist PS = TW?
Ist TUQP ein Quadrat?
Ist WVRS ein Quadrat?
Ist Winkel x = 90°?

61

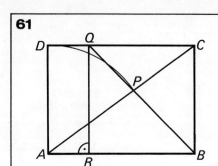

Gruppe 3

Rechteck ABCD,
AB = 60, AD = 43 = AP.
BP ergibt Q, Lot von Q auf AB ergibt R.

Ist BCQR ein Quadrat?

62

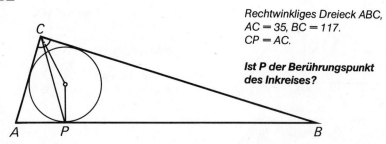

Rechtwinkliges Dreieck ABC,
AC = 35, BC = 117.
CP = AC.

Ist P der Berührungspunkt des Inkreises?

63

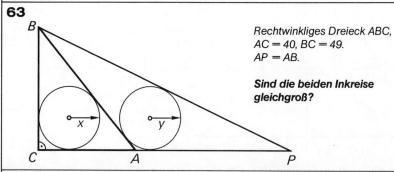

Rechtwinkliges Dreieck ABC,
AC = 40, BC = 49.
AP = AB.

Sind die beiden Inkreise gleichgroß?

64

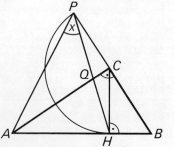

Rechtwinkliges Dreieck ABC,
AC = 88, BC = 57. CP = CH.

Ist AQ = AH?
Ist Winkel x = 45°?
Ist BP = AB?

65

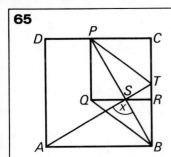

Quadrate ABCD mit AB = 86 und CPQR mit CP = 49.
BP ergibt S, AS ergibt T.

Ist AT = BP?
Ist Winkel x = 90°?
Ist BTPQ ein Parallelogramm?

66

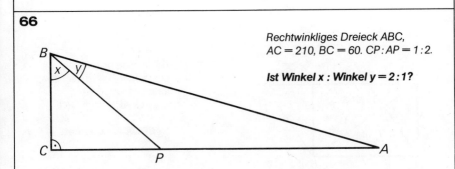

Rechtwinkliges Dreieck ABC,
AC = 210, BC = 60. CP : AP = 1 : 2.

Ist Winkel x : Winkel y = 2 : 1?

67

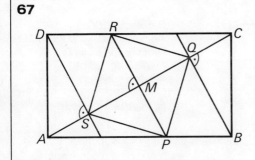

Rechteck ABCD, AB = 103, AD = 56.
Mittelsenkrechte von AC und Lote
von B und D auf AC ergeben die
Punkte PQRS.

Ist PQRS ein Quadrat?

68

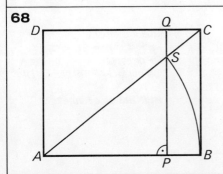

Rechteck ABCD,
AB = 140, AD = 110.
AS = AB.
PQ parallel BC durch S.

Ist APQD ein Quadrat?

69

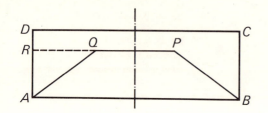

Rechteck ABCD,
AB = 169, AD = 54.
Das gleichschenklige
Trapez ABPQ bedeckt die
Hälfte von ABCD.
AQR ist $\frac{1}{9}$ von ABCD,
PQ : QR = 5 : 4.

**Hat das Trapez
3 gleiche Seiten?**

70

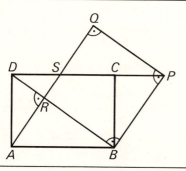

Rechteck ABCD,
AB = 85, AD = 58.
AS ist das Lot auf BD.
Dreieck ASD wird nach BPC
geschoben,
Dreieck ABR nach SPQ.

Ist BPQR ein Quadrat?

71

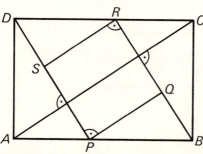

Rechteck ABCD,
AB = 178, AD = 117.
Die Lote von B und D
auf die Diagonale AC
ergeben P und R.

Ist PQRS ein Quadrat?

72

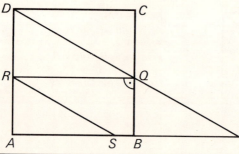

Quadrat ABCD,
AB = 43, AP = 81.
DP ergibt Q.
QR parallel AP, RS parallel DP.

Ist PQRS eine Raute?

73

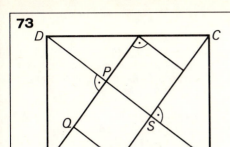

Rechteck ABCD,
AB = 53, AD = 40.
Lote von A und C auf BD
ergeben P, R, S.

Ist PQRS ein Quadrat?

74

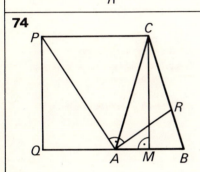

Gleichschenkliges Dreieck ABC,
AB = 28, CM = 45.
CPQM ist ein Quadrat.
AR ist senkrecht zu AP.

Ist AR = AB?

75

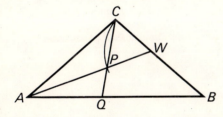

Gleichschenkliges Dreieck ABC,
AB = 72, AC = BC = 47.
AW ist Winkelhalbierende.
PW = CW.

Ist CQ = AQ?
Ist Dreieck CPW gleichseitig?

76

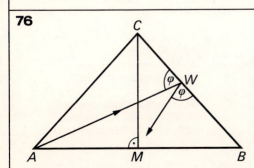

Gleichschenkliges Dreieck ABC,
AB = 182, CM = 106.
Die Winkelhalbierende AW wird an
der Seite BC reflektiert.

Geht der Strahl durch M?

77

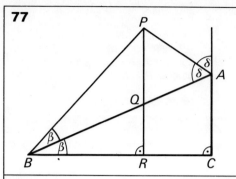

Rechtwinkliges Dreieck ABC,
AC = 67, BC = 158.
Winkel β wird verdoppelt, der Außenwinkel bei A halbiert, ergibt Punkt P.
Lot von P auf BC ergibt Q und R.

Ist PQ = AQ?
Sind die Flächen ABC und BRP gleichgroß?

78

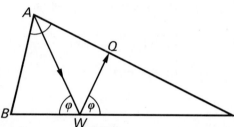

Gleichschenkliges Dreieck ABC,
AB = 40, AC = BC = 90.
Die Winkelhalbierende AW wird an BC nach Q reflektiert.

Ist Dreieck CQW rechtwinklig?

79

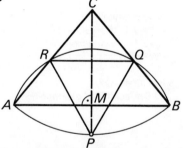

Gleichschenkliges Dreieck ABC,
AB = 146, CM = 87, CP = CA.
Kreis um P durch A ergibt Q und R.

Ist Dreieck PQR gleichseitig?

80

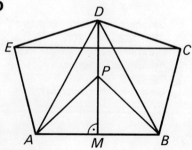

Fünfeck ABCDE,
AB = 82, DM = 71,
BC = CD = DE = AE = 58.
D an CE gespiegelt ergibt P.

Ist Dreieck ABD gleichseitig?
Ist Dreieck ADE rechtwinklig?
Ist Dreieck ABP rechtwinklig?

81

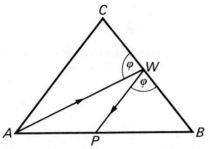

Gleichschenkliges Dreieck ABC,
AB = 101, AC = BC = 81.
Die Winkelhalbierende AW wird an BC nach P reflektiert.

Ist AW = AC?
Ist AP = PW = BW?
Ist PW parallel AC?

82

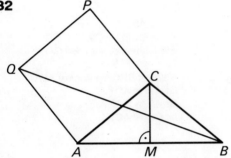

Gleichschenkliges Dreieck ABC,
AB = 118, CM = 48.
ACPQ ist ein Quadrat.

Ist BQ Winkelhalbierende?

83

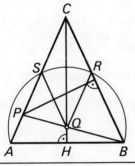

Gleichschenkliges Dreieck ABC,
AB = 78, CH = 81.
Mittelsenkrechte von BC ergibt P,
BP ergibt Q.
Kreis um Q durch B ergibt R und S.

Ist CRQS eine Raute?
Ist der Umfang des Vierecks CRQS = AB + CH?
Ist BQ + QR + CR = BH + CH?

84

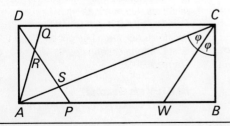

Rechteck ABCD,
AB = 118, AD = 45.
AP = 31, DQ = 14.
CW halbiert den Winkel bei C.

Ist BW = AP?
Ist RS = AS?

85

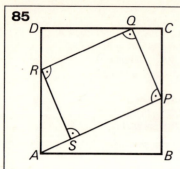

Quadrat ABCD,
AB = 65, BP = 29.

Bedeckt das Rechteck PQRS die Hälfte des Quadrates?

86

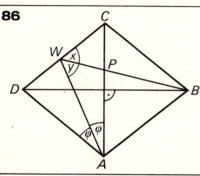

Raute ABCD,
AC = 63, BD = 79.
AW halbiert den Winkel CAD.

**Halbiert BW den Winkel AWC?
Ist AW = AD?
Ist AP = BP?
Ist BW = AC?**

87

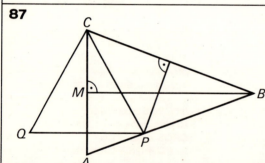

Gleichschenkliges Dreieck ABC,
AC = 99, BM = 136.
Mittelsenkrechte von BC
ergibt P.
P an AC gespiegelt ergibt Q.

Ist Dreieck PCQ gleichseitig?

88

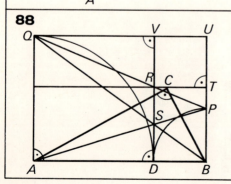

Rechtwinkliges Dreieck ABC,
AC = 145, BC = 77.
D ist der Berührungspunkt des
Inkreises. AQ = AD, BP = BD.
Parallele zu AB durch C und Senkrechte zu AB durch D ergeben R und V.
S ist Diagonalenschnittpunkt im
Trapez ABPQ.

**Ist RTUV ein Quadrat?
Geht PQ durch R? Liegt S auf DV?**

89

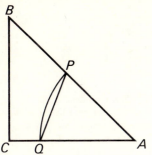

Dreieck ABC,
AB = 280, AC = 204, BC = 192;
AP = AQ = 169.

Halbiert PQ den Umfang?
Halbiert PQ die Fläche?

90

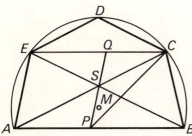

Auf dem Kreis um M mit Radius 53 ist viermal die Sehne 46 abgetragen. Dies ergibt das Fünfeck ABCDE. S ist der Diagonalenschnittpunkt im Trapez ABCE. Die Parallele zu AE durch S ergibt P auf AB und Q auf CE.

Ist AC = AB?
Ist APQE eine Raute?
Ist Fläche ASE = Fläche APC?

91 Gruppe 4

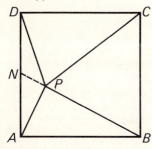

Quadrat ABCD,
AB = 100.
Der Punkt P bestimmt das Flächenverhältnis
APD : ABP : CDP = 1 : 2 : 3.

Ist Dreieck ABP rechtwinklig?
Ist N Seitenmitte?

92

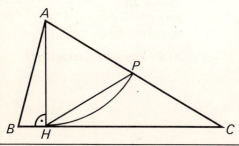

Gleichschenkliges Dreieck ABC,
AB = 88, AC = BC = 170;
AP = AH.

Ist Dreieck AHP gleichseitig?
Ist CP = HP?

93

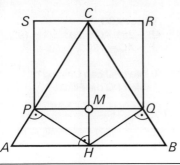

Gleichschenkliges Dreieck ABC,
AB = 92, AC = BC = 85.
Lote von H auf die Schenkel
ergeben P und Q.
PQ ergibt M.

**Ist M Umkreismittelpunkt?
Hat das Rechteck PQRS die gleiche
Fläche wie das Dreieck ABC?**

94

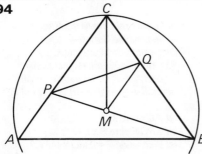

Gleichschenkliges Dreieck ABC,
AB = 154, AC = BC = 131;
Umkreismittelpunkt M.
BM ergibt P. BQ = BM.

**Ist BM = CP = PQ?
Ist AP = PM = MQ = CQ?**

95

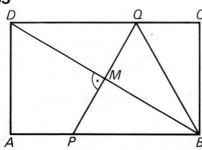

Rechteck ABCD,
AB = 97, AD = 56.
PQ ist Mittelsenkrechte von BD.

Ist Dreieck BQP gleichseitig?

96

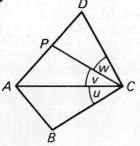

Viereck ABCD,
AB = 40, AC = 80, AD = 70,
BC = CD = 60, AP = 40.

Ist der Winkel bei C dreigeteilt?

97

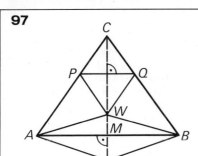

Gleichschenkliges Dreieck ABC,
$AB = 154$, $AC = BC = CN = 131$.
AW ist Winkelhalbierende im
Dreieck ANC.
$AP = BQ = AW$.

Ist CPWQ eine Raute?
Ist ANBW eine Raute?
Ist AW = CW?
Ist NW = PW?

98

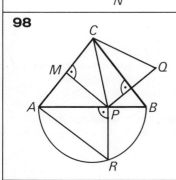

Gleichschenkliges Dreieck ABC,
$AB = 180$, $AC = BC = 140$.
Mittelsenkrechte von AC ergibt P.
P an BC gespiegelt ergibt Q.
Thaleskreis über AB und Senkrechte
zu AB durch P ergeben R.

Ist AR = AC?
Ist Dreieck CPQ gleichseitig?

99

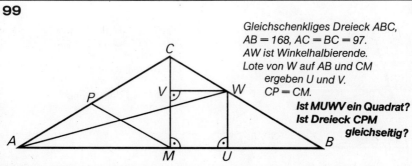

Gleichschenkliges Dreieck ABC,
$AB = 168$, $AC = BC = 97$.
AW ist Winkelhalbierende.
Lote von W auf AB und CM
ergeben U und V.
$CP = CM$.

Ist MUWV ein Quadrat?
Ist Dreieck CPM gleichseitig?

100

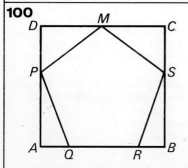

Rechteck ABCD,
$AB = 102$, $AD = 97$;
$CS = DP = 37$, $PQ = QR = RS$.

Ist das Fünfeck regulär?

101

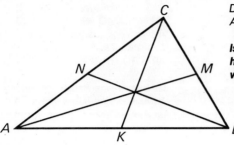

Dreieck ABC,
AB = 22, AC = 19, BC = 13.

Ist das Dreieck aus den 3 Seitenhalbierenden AM, BN, CK rechtwinklig?

102

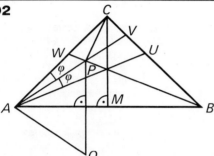

Gleichschenkliges Dreieck ABC,
AB = 174, CM = 73.
AU und BW sind Winkelhalbierende.
AV halbiert den Winkel CAU.
P an AB gespiegelt ergibt Q.

**Ist Dreieck APQ gleichseitig?
Ist BP = BC?**

103

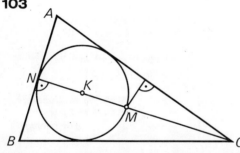

Gleichschenkliges Dreieck ABC,
AB = 140, AC = BC = 239.
Inkreismittelpunkt K.
Umkreismittelpunkt M.

Liegt M auf dem Inkreis?

104

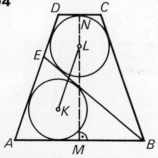

Gleichschenkliges Trapez ABCD,
AB = AD = BC = 90, CD = 30;
BE = BA, K = Inkreiszentrum.

**Hat das Viereck BCDE einen Inkreis?
Wenn ja, sind die beiden Inkreise gleichgroß?
Liegt L auf MN?
Ist KL = AM?**

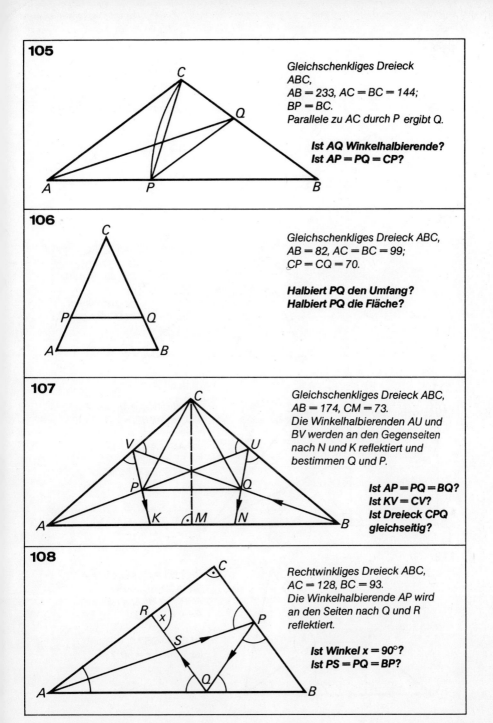

109

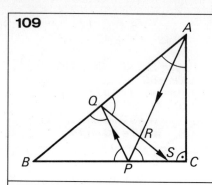

Rechtwinkliges Dreieck ABC,
$AC = 63$, $BC = 79$.
Die Winkelhalbierende AP wird an den Seiten nach Q und S reflektiert.

Ist $AQ = AR$?
Ist $BQ = QS$?

110

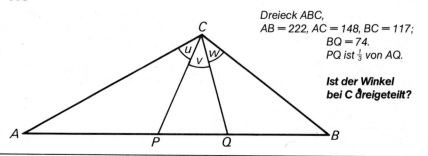

Dreieck ABC,
$AB = 222$, $AC = 148$, $BC = 117$;
$BQ = 74$.
PQ ist $\frac{1}{3}$ von AQ.

Ist der Winkel bei C dreigeteilt?

111

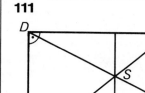

Rechtwinkliges Trapez ABCD,
$AD = 110$, $BC = CD = 140$.

Ist $AS = AD$?
Ist $ST = CS$?
Ist Winkel $x = 90°$?

112

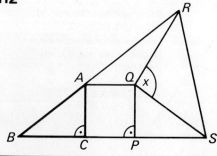

Rechtwinkliges Dreieck ABC,
$AB = 30$, $AC = 18$.
ACPQ ist ein Quadrat.
$AR = CS = 45$.

Ist $QR = QS$?
Ist Winkel $x = 90°$?

113

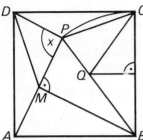

Quadrat ABCD,
AB = BP = 161, AP = 144.
M ist Mitte von AP.
Mittelsenkrechte von BC ergibt Q.

Ist Winkel x = 90°?
Ist BM = AP?
Ist PM = DP?
Ist CQ = CP?

114

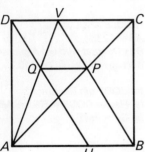

Quadrat ABCD,
AB = 144.
BU = DV = 55.

Ist ABPQ ein Trapez?

115

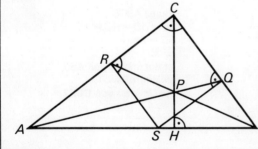

Rechtwinkliges Dreieck ABC,
AC = 36, BC = 27, HP = 7.
AP und BP ergeben Q und R.

Ist CQ = CR?
Liegt die Ecke S des
Vierecks CRSQ auf AB?

116

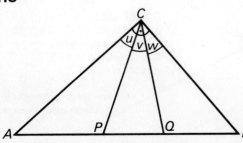

Rechtwinkliges Dreieck ABC,
AC = 112, BC = 97.
AP : PQ : QB = 6 : 4 : 5.

Ist der rechte Winkel dreigeteilt?

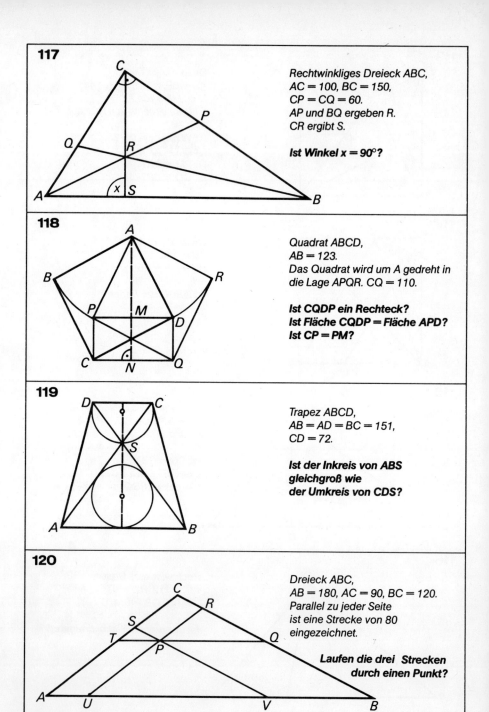

117

Rechtwinkliges Dreieck ABC,
AC = 100, BC = 150,
CP = CQ = 60.
AP und BQ ergeben R.
CR ergibt S.

Ist Winkel x = 90°?

118

Quadrat ABCD,
AB = 123.
Das Quadrat wird um A gedreht in
die Lage APQR. CQ = 110.

Ist CQDP ein Rechteck?
Ist Fläche CQDP = Fläche APD?
Ist CP = PM?

119

Trapez ABCD,
AB = AD = BC = 151,
CD = 72.

**Ist der Inkreis von ABS
gleichgroß wie
der Umkreis von CDS?**

120

Dreieck ABC,
AB = 180, AC = 90, BC = 120.
Parallel zu jeder Seite
ist eine Strecke von 80
eingezeichnet.

**Laufen die drei Strecken
durch einen Punkt?**

Lösungen zum ersten Teil

1. 12°
2. 6 cm
3. 63°
4. 6; 20; 14 cm²
5. 60°; 75°; 82½°
6. 12 cm
7. 66°
8. 25 cm
9. 11½°
10. ³⁄₈
11. 78°; 51°; 27°
12. 18 cm
13. 68°
14. 20 cm
15. 42°
16. 45 cm
17. 115½°
18. 28 cm²
19. 51°
20. 28 cm²
21. 51°
22. 9 cm²
23. 61½°
24. 15 cm²
25. 130°
26. 8 cm
27. 75°
28. 4 cm
29. 67½°
30. 240 cm²
31. 45°; 67½°; 78¾°
32. 6 cm
33. 113°
34. 9 cm
35. 100°
36. 26 cm²
37. 25°; 75°; 50°
38. 10 cm
39. 44°
40. 6 cm
41. 30°; 60°
42. 16 cm
43. 125°
44. 30 cm²
45. 27°
46. 16 cm
47. 15°
48. 12 cm
49. 1,5 cm
50. 20 cm²
51. 36°
52. 10 cm
53. 161 cm²
54. 28 cm
55. 66°
56. 5 cm
57. 44°
58. 504 cm²
59. ⁴⁄₇ m²
60. 79°
61. 24°
62. 240; 2100
63. 14 cm
64. 15 cm
65. 18°
66. 80°
67. 217 cm²
68. 6; 4; 2 cm²
69. 105°
70. 8 cm
71. 30 cm
72. 10 cm
73. 112½°
74. 67½°
75. 38½ cm²
76. 4 cm
77. 98 cm²
78. 15 cm
79. 106°
80. 4 cm
81. 100°
82. 13 cm
83. 26 cm
84. ¹¹⁄₄₂
85. 2 cm²
86. 17 cm
87. 68°
88. 6 cm
89. 48°
90. 20; 15; 7 cm
91. 13 cm
92. 12 cm²
93. 10°
94. 74 cm
95. 3 cm
96. 7 cm
97. 27 cm²
98. 84 cm²
99. 300 cm²
100. 25 : 3
101. 3 cm
102. 100 cm
103. 6 cm
104. 12 cm
105. ⅙
106. 14 cm²
107. 24 cm
108. 2 cm
109. 42 cm²
110. 6 cm
111. 4 cm
112. 9 cm²
113. 5 cm
114. 42 cm²
115. 14 cm
116. 10 cm
117. 15 cm²
118. 22 cm
119. 2394 cm²
120. 108 cm²
121. 8 cm
122. 864 cm²
123. 288 cm²
124. 96 cm
125. 35 cm
126. 3850 cm²
127. 2100 cm²
128. 7 cm
129. 6 cm
130. 128 cm
131. 4 cm²
132. 48 cm
133. ⅕
134. 294 cm²
135. 45 cm
136. 40 cm²
137. 31 cm
138. ⁴⁄₁₅
139. 27 cm²
140. 60 cm
141. 17 cm
142. 54 cm²
143. ⁵⁄₁₂
144. 10 cm
145. 72°
146. 72°
147. 6 cm²
148. 3 cm
149. 36°
150. 72°; 54°; 81°
151. 12 cm
152. 24 cm
153. 20°
154. 48°; 66°; 84°
155. 8 cm
156. 8 cm
157. 108°
158. 54°
159. 2 cm
160. 18 cm
161. 36°
162. 77¹⁄₇°
163. 54 cm²
164. 5 cm
165. 60°
166. 30°
167. 17 cm
168. 48 cm
169. 56¼°; 78¾°
170. 90°
171. 21 cm
172. 18 cm
173. 42°
174. 18°
175. 9 cm
176. 21 cm

Lösungen zum zweiten Teil

1. $PQ = 41,0172$
   $CP = 41$
   $BQ = 99,0071$
   $BC = 99$
   $\frac{1}{2}$ Quadrat $= 4900,50$
   Trapez $= 4901,20$

2. $BP = 80,962526$
   $BC = 80,962607$
   BP ist nicht
   Winkelhalbierende,
   um 0,000035 zu kurz.
   Winkel u ist größer
   als Winkel v.

3. Der Kreis berührt genau.

4. $PQ = 74$
   $RQ = 73,9969$
   Winkel ASB ist stumpf.

5. Winkel AQB ist spitz.

6. $PS = 41$
   $PR = 41,012$

7. $CP = 74,1264$
   $CQ = 74,1307$

8. Winkel APC ist spitz.

9. $CP = AP$

10. $PQ = BQ$
    Winkel BQC ist stumpf.

11. Die Inkreise sind gleichgroß.

12. Die Umfänge sind gleich.

13. $AP + PQ + CQ = 153,0028$
    $AB + BC = 153$

14. $AP = 70,0031$
    $DP = 70$

15. $AM = 57,98$
    $AD = 58$
    Winkel CMD ist stumpf.

16. AQC und BCP sind rw.

17. $MP = MQ = 89,9413$
    $BM = 89,9444$
    Die Winkel BPC und BQC sind stumpf.

18. PQUV ist ein Quadrat.

19. $CP = 104,6208$
    $PR = 104,6249$

20. CW ist Winkelhalbierende.

21. $DP = 44$
    $PQ = 44,00070$

22. ABCD ist kein Trapez.
    C hat 100,
    D hat 99,9982
    Abstand von AB.

23. $AP = BQ = PQ$
    $2 \, BCQ = ABC$

24. Der Inkreis geht durch H.

25. $CQ = 34$
    $PQ = 33,9944$
    $CP = 55,0091$
    $BP = 55$

26. $AM = AD = 70$
    $BP = BC = 60$
    BP halbiert den Winkel.

27. $CP = 131,0140$
    $CM = 131,0152$
    $CQ = 80,9567$
    $MQ = 81$
    $CR = 50,0058$
    $QR = 50,0573$

28. Die Punkte U, V, W, T
    liegen innerhalb von HIKL,
    mit 0,1414 Abstand.

29. $ST = UV = 94,0452$
    $QR = 94$

30. $CH = 39,6074$
    $HM = 39,5948$
    $HU = 19,7911$
    $MU = 19,8037$
    $BK = 28,9864$
    $MI = 28,9891$
    $CE = 32,3399$
    $BF = EF = 32,3301$

31. Die Winkel APB und AQB
    sind je 89,99725.

32. Winkel $x = 45°$

33. $AP = 120,0012$
    $AD = 120$
    $PQ = 53,66609$
    $DQ = 53,66666$
    Winkel $x = 90,00124°$

34. $AP = 122,4941$
    $PQ = 122,4978$
    $AR = 144,0042$
    $AD = 144$
    Winkel $x = 45,00085°$

35. Winkel $APB = 89,9939°$

36. $PQ = 56$
    $PM = 56,0022$
    Das Sechseck bedeckt
    $\frac{3}{4}$ des Rechtecks.

37. $AQ = 112,0044$
    $PQ = 112$
    Winkel $APB = 89,9973°$

38. $MQ = 69,9948$
    $CQ = 70$

39. Winkel BPC = 90,0053°

40. PQ = 45,6067
    PS = 45,6180

41. Winkel x = 89,9931°

42. ABCD ist ein Trapez.

43. QR = 94,79236
    CR = 94,79218
    Winkel x = 89,99965°

44. AD = 48
    DP = 48,00091

45. v = 89,9981°
    x = 89,9972°
    y = 90,0027°
    Winkel ANP = 35,2639°
    Winkel BNP = 35,2657°

46. AT = 159,0034
    AB = 159
    RS = 77,2549
    RV = 77,2533
    TW = 77,2516

47. Winkel
    bei C = 107,9945°
    bei P und Q
       je = 108,00137°
    AR ist nicht
    Winkelhalbierende.

48. AP = 178,1818
    AC = 178,0449
    Winkel x = 90°

49. BQCP ist ein Quadrat.
    BP = 112,0044
    PR = 112

50. CD = 75,7012
    CQ = 75,7072

51. Das Viereck hat einen
    Umkreis.

52. KP = 30,0091
    Inkreisradius = 30,0058

53. Winkel AMC = 90,0081°
    Fläche ADM = 2319,17
    Fläche BCM = 2319,82

54. CN = 28,992
    AC = 29
    CH = 26,7918
    CP = 26,7852

55. Winkel bei C = 89,99038°

56. AQ = 97
    QR = 97,0194
    QS = 59,9831
    AS = 59,9319
    AR = 59,9439

57. BP = 131,00057
    AB = 131
    BC = 80,962608
    PC = 80,962960

58. Winkel x = 89,99937°
    CH = 98,26834
    AP = 98,26692
    PH = 77,2538
    BH = 77,2549

59. AV = 14,9833
    BV = 15,0166
    Winkel x = 90,0367°
    AW = 17,3141
    BW = 17,3333

60. PS = 55
    TW = 55,0019
    TP = 88,9944
    TU = 89
    WS = 88,9925
    Winkel x = 90,0042°

61. BC = 43
    BR = 43,00095

62. AP = 20,06174
    statt 20,06144

63. x = 12,8733
    y = 12,8715

64. AQ = AH
    x = 45,0033°
    BP = 104,8409
    AB = 104,8475

65. AT = 98,9873
    BP = 98,9797
    Winkel x = 89,9923°
    BT = 49,0152
    PQ = 49

66. Winkel x = 49,3987°
    y = 24,6559°
    x : y = 2,0035 : 1

67. PR = 63,74162
    QS = 63,74155
    Winkel QRS = 89,999926°
    Winkel PSR = 90,000074°

68. AD = 110
    AP = 110,0845

69. AQ = BP = PQ = 65

70. BP = 70,2160
    BR = 70,2118

71. PQ = 84,4798
    PS = 84,4829

72. PQ = 43,0225
    QR = 43

73. PQ = 18,1858
    QR = 18,2077

74. AR = 27,999926
    AB = 28

75. CQ = 30,6821
    AQ = 30,6710
    CP = 18,5662
    CW = 18,5630

76. Der Strahl trifft AB
    0,002349 links von M.

77. PQ = AQ
    Fläche ABC = 5293
    Fläche BRP = 5292,86

78. Winkel CQW = 90,0614°

79. PQ = 77,6848
    QR = 77,6871

80. AB = 82
    AD = 81,9878
    Winkel AED = Winkel APB
    = 89,9489°

81. AW = 80,9972
    AC = 81
    AP = 44,9420
    PW = 44,9558
    BW = 44,9505
    Winkel BWP = 77,1465°
    Winkel BCA = 77,1380°

82. Winkel ABQ = 19,5663
    Winkel CBQ = 19,5641

83. CRQS ist eine Raute. Umfang von CRQS = 160,02
    AB + CH = 159
    BQ + QR + CR = 120,015
    BH + CH = 120

84. BW = 31,000176
    AP = 31
    RS = 26,274904
    AS = 26,274962

85. Fläche ABCD = 4225
    Fläche PQRS = 2112,47

86. x = 51,42837°
    y = 51,42850°
    AW = 50,52214
    AD = 50,52227
    AP = 40,51559
    BP = 40,51581
    BW = 63,00034
    AC = 63

87. CP = 94,46465
    PQ = 94,46457

88. RT = 48,0883
    TU = 48,0823
    PQ geht durch R.
    S liegt auf DV.

89. PQ halbiert den Umfang.
    Fläche APQ = 9792,34
    Fläche BCQP = 9791,65

90. AC = 103,3485
    AB = 103,3341
    AP = 45,9936
    PQ = 46
    Fläche ASE = Fläche APC

91. Winkel APB = 90°
    AN = DN

92. AH = AP = 85,0014
    HP = 85,0007
    CP = 84,9986

93. Umkreisradius = 50,5405
    CM = 50,5435
    Fläche PQRS
    = 3288,1519
    Fläche ABC
    = 3287,9543

94. BM = 80,962526
    CP = 80,962690
    PQ = 80,962742
    AP = 50,037310
    PM = 50,037740
    MQ = 50,037690
    CQ = 50,037474

95. BP = BQ = 64,6649
    PQ = 64,6623

96. Die Winkel u, v und w sind gleichgroß.
    $u = v = w$ = 28,9550°

97. CP = 50,03744
    PW = 50,037596
    NW = 50,037618
    AN = 80,96261
    AW = 80,96257
    CW = 80,96239

98. AR = AC = 140
    CP = 108,8888
    PQ = 108,9402

99. MU = 30,7471
    MV = 30,7521
    CM = 48,5077
    MP = 48,5038

100. MP = 63,0079
     PQ = 63,0773

101. Das Dreieck ist rechtwinklig.
     BN^2 = 236,25; CK^2 = 144
     AM^2 = 380,25

102. AP = 77,6864
     PQ = 77,6853
     BP = 113,5701
     BC = 113,5693

103. CN = 228,51914
     KN = 51,768087
     CN − 2 · KN = 124,98297
     CM = <u>124,98078</u>
     M liegt   0,00219
     außerhalb des Kreises.

104. BCDE hat einen Inkreis.
     Beide Inkreise sind
     gleichgroß.
     L liegt auf MN.
     KL = AM

105. Winkel BAQ = 17,99902°
     Winkel CAQ = 17,99993°
     AP = 89
     PQ = 88,9957
     CP = 88,9944

106. PQ halbiert den Umfang.
     Fläche CPQ = 1847,08
     Fläche ABPQ = 1847,46

107. AP = 60,428867
     PQ = 60,4306
     BQ = AP
     KV = 44,851387
     CV = 44,851788
     CP = 60,428891
     PQ = 60,4306

108. $x = 90{,}00188°$
PS $= 51{,}4070$
PQ $= 51{,}4081$
BP $= 51{,}4093$

109. AQ $= 56{,}07539$
AR $= 56{,}07553$
BQ $= 44{,}96915$
QS $= 44{,}96853$

110. $u = 37{,}760343$
$v = w = 37{,}763045$

111. AS $= 110{,}0522$
AD $= 110$
ST $= 67{,}992652$
CS $= 67{,}992685$
$x = 90{,}05598°$

112. QR $=$ QS $= 32{,}449961$
$x = 90°$

113. $x = 90{,}0027°$
BM $= 144{,}00345$
AP $= 144$
PM $= 72$
DP $= 72{,}000015$
CQ $= 100{,}6264$
CP $= 101{,}8283$

114. PQ ist nicht parallel AB.
P hat $88{,}9957$
Q hat 89
Abstand von AB.

115. CQ $= 15{,}4361$
CR $= 15{,}4386$
S liegt unter AB
im Abstand $0{,}0121$.

116. $u = 30{,}00131°$
$v = 30{,}00001°$
$w = 29{,}99868°$

117. $x = 90°$

118. CQ $= 110$
DP $= 110{,}02426$
Fläche CQDP $= 6052{,}66$
Fläche APD $= 6052{,}00\ldots$
CP $= 55{,}012104$
PM $= 55{,}012131$

119. Inkreisradius
von ABS $= 37{,}29982$
Umkreisradius
von CDS $= 37{,}29877$

120. Die drei Strecken laufen durch einen Punkt.

> Die Aufgaben sind lösbar mit einem Rechner, der 8 Ziffern liefert.
> Je nach dem Lösungsweg können in den letzten 2 Ziffern kleine Unterschiede gegenüber dieser Ergebnisliste erscheinen.